花

U0215500

根植物

杨春起　李　婷　主编

PERENNIAL PLANTS

中国林业出版社
China Forestry Publishing House

花园宿根植物
编委会

主　编：杨春起　李　婷
编　写：杨春起　李　婷　程东宇　金　环　史东霞
　　　　徐　扬　马淑霞　孙维娜　陈　磊
摄　影：玛格丽特
编　校：赵芳儿　淑祺

PERENNIAL PLANTS

图书在版编目（CIP）数据

花园宿根植物 / 杨春起, 李婷主编. —— 北京：中国林业出版社，
2018.10

ISBN 978-7-5038-9808-2

Ⅰ.①花… Ⅱ.①杨… ②李… Ⅲ.①宿根花卉Ⅳ.①S682.1

中国版本图书馆CIP数据核字(2018)第239621号

责任编辑：印　芳　邹　爱
出版发行：中国林业出版社（100009 北京西城区刘海胡同7号）
电　话：010-83143571
印　刷：固安县京平诚乾印刷有限公司
版　次：2018年11月第1版
印　次：2018年11月第1次印刷
开　本：710mm×1000mm 1/16
印　张：8
字　数：156千字
定　价：49.00元

前言

　　宿根植物是指一年种植可以多年开花的植物，这种类型的花卉管理简单，省去了每年都要重新播种繁殖的麻烦，为园艺界所喜爱。宿根植物大多原产中国，被引种到国外进行培育，因此很多进口的宿根植物原产我国。花园中多种植宿根植物可以让花园更具中国本土特色。

　　本书介绍了多种宿根植物，每种均介绍了它们的生活习性、花园应用、拉丁学名、别名、科属分类、观赏期等，全方位地展示该植物的特点。再配上精美的彩图给读者朋友最直观的感受，也容易识别。还介绍了栽植宿根植物合适的土壤，病虫害的防治以及如何利用宿根植物扮靓你的花园。不仅让爱好植物的朋友学习了解植物，还能利用植物装饰花园与家居，让你的生活更加贴近大自然。

　　宿根草花与一、二年生草花的组合，会更加灵活多变，使四季的景观产生出完全不同的氛围。应用于自然式花坛也很合适。特别是花期长的三色堇、香堇、万寿菊、鼠尾草等都很适宜。

　　由于编者水平有限，希望热心的读者朋友们批评指正。

2018.10.15

目　录

CONTENTS

前言

PART 1

宿根植物轻松种

PART 2

常用宿根植物种类

▷这一处的组合显得比较宁静和谐，低矮的紫色小菊花，中间层的绵毛水苏，还有作为背景的白色毛地黄。简单清新的植物与色彩搭配很是精致淡雅。

宿根植物最大的
魅力就在于具有季节性
富有野趣

PERENNIAL
PLANTS

　　宿根植物是指能够生存2年或2年以上，成熟后每年都能开花的多年生草本植物。冬天地上部分枯死，春天又萌发新芽生长。

　　与每年都要重新栽植的一、二年生草花不同，宿根植物栽植后，只要你能好好管理就能够多年开花。宿根植物季节性强，开花期较短，不过这也正是我们作为花园爱好者的乐趣所在。你可以充分发挥自己对植物的了解进行搭配，让你的庭院四季有花可赏。

　　宿根植物的株形保留着最原始的野趣，是配置自然式庭院最好的植物素材。

PERENNIAL PLANTS

很多宿根彩叶植物
既可以做主景，也可以用做修边
甚至作为地被植物

作为修边点缀草坪的彩叶植物矾根。

点缀于墙隅的虎耳草。

多种宿根彩叶植物组合的景观。

　　适宜作地被的植物一般都必须具备以下条件：①适应性强，管理粗放，观赏期长；②生长慢，株型低矮。在宿根植物中，矾根、玉簪、彩叶草、银叶菊等彩叶植物都具备这样的特点。

　　耐半阴的玉簪、虎耳草等叶形叶色丰富而独特，品种也很多，非常广泛的运用于花园中。

PERENNIAL PLANTS

与其他花卉混植
形成风格各异的花境
能提高格调

在园路两边种植各种宿根植物与时令草花，充满趣味。高低错落，在路的最外边可以种植较低矮的观赏草，比如兔尾巴草、矾根、酢浆草等，后面可种植高一些的千屈菜、毛地黄、大花飞燕草等，这样分层配置提高观赏效果。

在搭配花境时最先要考虑的因素之一就是色彩，相近色的搭配是最简单的方式，适合新手。

点缀于草坪的隐秘感。

混植成带状的自然风。

木栅栏也是藤本植物的好搭档，可以让你的花园更多姿多彩。

窗外墙壁上的木箱。

PERENNIAL PLANTS

可选择观赏期长的
宿根植物用于容器花园

水边的容器也可种上宿根植物。

适合做容器花园栽培的宿根植物有矾根、玉簪、美女樱、落
新妇、长春花等。天竺葵以及美女樱更是能多季观赏。

PERENNIAL PLANTS

宿根草花是园路修边的好材料

庭院中园路两旁的环境更加粗放，因此植物也最好选择适应
性强的耐粗放管理的植物。宿根植物正好具备这样的特点。

天竺葵是宿根植物中可塑性最强的种类之一，无论是地栽还是盆栽，都可以作为主景植物。

宿根植物

PART 1

宿根植物轻松种

上面我们简单欣赏了宿根植物充满原始野趣的美，与其他植物共同组成的花境也是各有千秋，可极大地满足在景观布置中的应用需要。在具体应用中怎么做呢？首先从认识它们做起。

为什么叫宿根植物

各种宿根植物与灌木、小乔木组合成景，精致、耐看，也易于养护管理。

　　草本花卉在园艺学上被分为一、二年生草花，宿根草花和球根草花三类。

　　种子萌芽后，当年或次年开花结实，结束其一个生命循环，具这种生活周期的花卉叫一、二年生草花。与之相反的是一次繁殖后，植株不枯死且以后每年都能开花结实，具有这样生活周期的花卉叫宿根草花或多年生草花。

　　但是，一些从欧洲原产的花卉虽然在当地表现为宿根草花的特性，在中国南方由于夏季高温多湿、越夏困难，也会作一年生草花来应用。另外，叶、茎或根的一部分肥大并能贮存养分的球根花卉，因为也可越年生长，在广义上也可将其看作成多年生草花的一种类型。

　　从用途上来看，宿根草花的最大特点在于只要定植在合适的地方，即使不加管理至少也可赏花2~3年，因此在庭院中可以像栽培花木或庭院树木一样对待。宿根草花中适应半阴环境的种类很多，这也是其作为造园素材的魅力之一。

　　宿根植物大多原产中国，很多进口的宿根植物，大多是以中国的宿根为亲本培育出来的。因此，花园中多种植宿根植物可以让花园更具本土特色。

合适的土壤很重要

　　土壤是花卉生长的物质基础。不仅宿根草花，对所有的植物来说都很重要。透气性与排水性好，具良好的保水、保肥能力，不带病菌，是花卉对土壤的基本要求。

　　宿根草花因为一经定植后，数年间都要在同一地方持续生长下去，因此应尽可能定植在最适宜的土壤中。一些野生性状较强的宿根植物对土壤要求相对不严，除砂土与重黏土外，大多都能生长良好。

　　庭院的土质千差万别，既有易干的砂土，也有透气性和排水性差的黏性土。另外，由于成土母质的原因，有很多很贫瘠的、几乎不含有腐殖质的庭院土，在这种土中植物不能很好地生长。

　　对这样不理想的庭院土，可以客土，即挖走所有的表土，用富含有机质的好土取而代之。不过，客土是一项很大的工程，可行的方法是一点点的对定植植物行土壤改良，尽管这样的改良需要多年的时间。

　　不管是砂土、黏性土或瘦土，堆肥都是其万能的土壤改良剂。在2~3年间反复翻耕土壤，每次都压入一些堆肥，促进土壤团粒化，这样就能使之变成有利植物根系生长、透气性好的土壤。

　　堆肥可试一试用日常的家庭垃圾自制堆肥。除庭院中的杂草阔叶树的落叶外，厨房的菜渣等只要是不含盐的植物垃圾都可作为制作堆肥的材料。

可以将大容器的宿根植物分株至多个小容器内，让你的花园更热闹呦。

正规加工堆肥时，可以在庭院一角建一个堆肥池。如果不方便，也可以用一个稍大一些的桶代替，市场上也有专门的堆肥桶售卖。堆肥时，应先将植物材料与庭院土隔层相间堆积起来，并一边洒水、一边压实，然后用塑料薄膜盖住，使其在防雨条件下自然发酵即可。

也可在庭院中任选一个地方，挖 50~60cm 深的坑，将每天的废弃物垃圾倒入其中，并随手撒一些薄土，经若干天将坑填满后，就选地再挖坑。这样一直做下去，经过数年庭院土就可得到全面的改良。

另外，园土的酸碱性对于植物来说也非常重要，欧洲原产的宿根花不适应酸性土。多雨的日本土壤基本上都呈弱酸性，原产日本的宿根草花在这些土壤上倒是都能正常生长，但德国鸢尾、刺芹、嚏根草等特别是欧洲原产的种类差不多都不适应酸性土。土壤最适合的 pH 为 5.5~6.5。

栽培这些种类的花卉、在定植前每平方米土中要撒 30g 镁石灰并混匀，以调整好土壤酸碱度。若长出问荆这样的杂草时，则表示土壤已变成酸性了。

此外，心土交换，克服忌地现象也很重要。植物长时间生长在同一场所不仅长势越来越差，还容易得立枯病等。这种由于植物代谢产生不利它们生长的废物及土中缺乏微量元素等原因引起的现象被叫作忌地现象。

鸢尾类及石竹类是特别忌连作的宿根草花。因此重栽或分株后应尽时能改种在新的地方。但对面积有限的庭院来说，很难找另一个新场所。在这种情况下，可将这片地之前种该种植物的表土与其下层土壤进行交换，通过"心土交换"能很好地克服忌地现象。

宿根植物的繁殖

正在盛花期的玉簪。

宿根植物的繁殖方法分为有性繁殖（即播种繁殖）和无性繁殖。

前者也叫营养繁殖，有分株、扦插、埋根，以及组织培养等。

分株、扦插、埋根都是分离出母株的一部分，使其生根成苗。由于可以繁殖出与母株性状完全一样的个体，因此这种营养繁殖法被用来繁殖遗传性状没有稳定的园艺品种。要繁殖不能结籽的植物时，也只有采用这些方法。在商业生产中，也常用组织培养的方法来大量繁殖。

与之相反，有性繁殖也属于营养繁殖法之一，适用于遗传性状已基本稳定的野生种等植物的繁殖。多数园艺品种如果采用播种育苗，会有产生与母株性状不同的后代这样的缺点。因此，除非进行品种改良，否则有性繁殖不宜用于园艺品种的繁殖。

分株是最常采用的方法

家庭简便易行繁殖宿根草花的方法，最普通的莫过于分株。宿根草花的株丛年年都会增大，所以几乎所有的种类都可用这种方法繁殖。

另外，经数年生长、株丛增大后，植株生长势就会下降，开花也会越来越少。因此，每隔3~4年就应将植株挖出、分株，从小株丛开始重新培育，这样会更有利于生长。

沿着小径边生长的植物，野趣横生。

春季开花的宿根草花在秋季分株，缓苗快，翌春根系活动早，开花容易。夏季以后开花的种类春秋都可以分株。春季分株时，要尽可能在萌芽前进行。分株肯定会造成移植伤，因此株丛不要分得太小，每株至少应带 3~4 个芽。

另外，分株时期也可以依花卉种类而异。如根茎类型的鸢尾，以花后分株为好。芍药宜在秋季地上部进入休眠，地下还在活动期最好。

扦插宜在新芽停长时进行

扦插分株要稍麻烦一些，它也是适用于多种植物的繁殖方法。扦插的适宜时期是在春季萌发的芽已停长的 5~6 月或夏季萌发的芽已停长的 9 月份。仲夏之时由于气温高，易烂根，不宜扦插，冬季温度低也不适宜。

扦插常用的方法有插带顶芽枝段的"梢插"和插无顶芽枝段的"枝插"两种，也有很多花卉可"叶柄"比如很多多肉植物。家庭扦插可用浅盘或育苗箱（泡沫箱也行）作容器，内装排水性好、保水性强的洁净基质（粗粒土、火山灰土、蛭石等单用或混合）作成插床，将插条插入插床里。

插好后浇足水分，放置于避风、半阴的地方，直至生根。生根前基质不能太干，北方可用覆盖塑料膜的方式保湿。如果插条姜蔫，要喷雾保湿。

少数种类也用埋根法繁殖

埋根也叫根插，是一种应用于根具发芽能力的植物的繁殖方法，是以根作插条的一种扦插方法。不是所有植物都能利用。金蝉脱壳、秋牡丹、宿根福禄考、琉璃菊、樱草等可用这种方法。金蝉脱壳、秋牡丹等根插时，剪取 5~7cm 长的粗根埋入基质中。细根类的宿根福禄考等在移栽的时候顺便剪取其根约 1/3 长的端部插入插床中。

现在开始栽培吧

选择适宜的栽培时期很重要

无论是定植幼苗，还是分株、移栽，进行的时期都相同。

如同之前的分株时期，初夏以后开花的大多数种类，应在3月中、下旬新芽尚未展开前栽植。如果晚于和这个时间，一旦开始萌芽，就容易出现移植伤。但是溪荪、花菖蒲、德国鸢尾等宿根植物，开花后栽植最适当，在春季分株或移栽将影响开花。另外，会在秋冬之间发新根、不耐热的芍药最佳移栽时期当属夏秋之间的9月份。

对春季很早就开花的海石竹、嚏根草、斯特拉彻氏岩白菜等来说，秋季的9~10月是其定植的好季节。

多数常绿多年生草花都属暖地性的，在寒冬远去的4月下旬至5月上旬，或严寒还未来临前的9月下旬前后都是移栽的适宜时期。

如果是市售营养袋苗，只要不弄坏根团除严冬季节外的任何时候都可移栽。

栽培注意要点

栽植挖出的花苗时，如果是有很多根须的种类，应该剪去根尖1/3~1/2定植，芍药、侧金盏花等根须少的粗根类植物，则尽量不剪，直接栽入土中。

常绿的多年生草花一般不剪叶定植为好。但像金蝉脱壳那种大叶类型的植物，需除去一些叶片才容易栽活。根少的鸢尾类可将太长的叶片剪短。

定植深度与植株原来的栽植深度相同，一般以刚盖住萌动前的芽为标准。但德国鸢尾、斯特拉切实岩白菜等要浅植，使其根茎或匍匐茎略略露出地表。

防止生病生虫

创造不易发生病虫害的环境

一说到防止病虫害，可能马上会想到打药。其实通过日常管理来防止病虫害发生才是关键所在。首先是加强通风；其次除阴性植物外，应给植株充分的光照，防止发生徒长。这两个条件不行，就容易发生霉菌，也容易发生虫害。

施氮肥过多，植株长得柔弱，抗病抗逆性就差，所以要施草木灰等含钾多的肥。培养健壮的植株，提高植株抗性。

预防病害、早除虫害是原则

病害发生后，喷洒适宜的杀菌剂可以使病害不再蔓延，但"伤痕"仍在，因此，势必会影响植株的观赏价值。为了避免出现上述情况，在到了易发生病害的时期，定期喷洒治病的杀菌剂，进行预防最为重要。

植物病害是病原物有真菌（霉菌）、细菌和病毒。常见的病害有立枯病、白粉病、叶斑病等。预防霉菌引起的病害用苯菌灵、代森锌、甲基托布津等。预防细菌性病害要有波尔多液、霉菌素等。

对病毒病没有有效的防治药剂。只能防治传播病毒的蚜虫等媒介，不让它们寄生，或将已感染病毒的植株尽早处理掉。

害虫预防较难，尤其是蚜虫、螨类。以及软体动物蛞蝓、蜗牛等，一旦发现尽力早期消除，将受害减少到最低限度。在植株周围撒些具有渗透移动性的虱净颗粒剂等，药的有效成分被植物吸入，就能将吸收植株汁液的害虫杀灭。

使用药物注意事项

1. 防治花卉病虫害的各种农药多具毒性，应妥善保管。

2. 使用农药时应戴手套、口罩；尽量避免使用剧毒农药。施药完后必须使用肥皂清洗皮肤。

3. 性能相近的农药，不宜连续使用，防止产生抗药性。

用宿根植物扮靓你的花园

休憩的桌椅坐落于花海中。

　　与木本花卉一样，宿根草花一经定植，在每年的特定季节都会升花，让人们完整地感受到季节的周期性变化。但很多宿根植物的花期都短，因此有必要掌握在非花期时如何欣赏和利用植株叶片的一些方法。

　　一、二年生草花和球根花卉能让庭院变的缤纷华丽，但宿根草花能让人感受到前所未有的生命力，而且一经栽植可以在管理上不那么精心，能节省园丁大量的维护成本。以宿根草花为主景，与观花树木、一二年生草花和球根花卉组合栽培的配置，才是庭院设计最佳的选择。

用宿根草花作花境的主景

　　能最大限度地发挥宿根草花魅力的莫过于花境了。在英国发展起来的花境式庭院中的和谐美不是一朝一夕形成的，在它的植物配置中充分考虑了各种植物色彩、形态、质感、花期上的差异。

　　特别是在以初夏为高潮的花境中，可以欣赏到宿根草花烂漫多彩的花色。羽扇豆、飞燕草、毛地黄、千屈菜、蛇鞭菊等具直线性株型的种类是不可或缺的主景植物，斗蓬草等则是其重要的配景植物。

　　即使配植同种类的植物，只要在花色搭配上有一些变化，就能给人以不同的印象。因此，对一经定植就不经常重栽的宿根草花来说，在事前制定一个周到的栽植计划是最为重要的。

宿根草花在自然式庭院中的应用

宿根草花不整形，如同在野外那样按固有季节开花的自然式庭院中方显得生机勃勃。

在自然式庭院中，不采用绚丽多彩的草花，种上一些风铃草、秋牡丹、落新妇、紫菀、桔梗之类就可以成为一个具有和谐感觉的庭院。

不过，如果都是些开小花的植物，会让人觉得小气。因而在选用花卉时，要考虑花朵大小，有意识地配植一些花径大小不同的植物是很重要的。

如果想创造一个高大的空间，可疏林式地定植一些多侧枝的树，其间配置宿根草花作过渡，形成一种日式风格的布局。

栽植计划中不可缺少的美叶宿根草花

植物的叶片也有不同的色彩。因此，在英国、德国、法国的庭院中，像对待观花植物一样也很重视观叶植物的配置方法。

也有用具银色、细叶的朝雾蒿草造园的，但从没有人将其作过主景。

而密生银灰色绒毛的雪叶莲、栽培容易的伞形麦秆菊、切叶很美的银叶菊、叶片铜色的红叶千日红等与其他草花都很协调，更是值得利用的宿根草花。

此外，若将叶片翠绿、心形的玉竹或以红色为基调的花坛很相称的、具独特紫红色的紫叶鸭跖草等配植在庭院中，将能增强这个庭院的特色。

宿根与球根植物

和一、二年生草花搭配

会让花园锦上添花

宿根植物有很多优点，但是花期短也是让很多花友觉得遗憾的地方。在充分熟悉各种宿根草花与球根花卉和一、二年生草花开花期的基础上，在庭院栽培中，需要根据季节变化，进行合理配植。

宿根草花与一、二年生草花的组合

宿根草花与一、二年生草花之间可以有千变万化的组合，春季的黄与蓝，初夏的红与紫，这样的色彩配置使同一庭院也会因季节不同呈现出完全不同的氛围。

另外，请记住，当您想配植一个以宿根草花为主，点缀以一、二年生草花的庭院而不知如何搭配时，选配一些开白花的种类是不会有错的。

从栽植上来说，一、二年生草花虽比宿根草花更具色块效果，但因株高较矮，一般都种在花境的前边作为前景植物。

植物多样性不仅仅是植物品种的不同，还有类别、特征的不同，让你的花园充满惊喜，
呈现出各种异样多变的景观。

沿着墙边种植着多种植物，色彩缤纷。花期的不同让你的花园充满了活力，再也不会单调了。在开花少的季节，可以种植一些一、二年生植物，让自己每天都生活在花海中。

宿根植物能让景观显得更加的自然，搭配一些一、二年生花卉使整个景观丰富起来。

　　一、二年生草花因为大多数为人工培育的市场化品种，让人觉得它们不太适用于自然式花境。其实将其与宿根草花组合起来应用于自然式花境并无不适之感。特别是花期长的三色堇、角堇、万寿菊、鼠尾草类，耐阴的苏丹凤仙花以及在夏季持续开花的矮牵牛等都很适宜。

配植方式举例

春季……芍药、天竺葵与勿忘我、香堇、三色菊等组合，格调优美。

初夏……毛地黄、羽扇豆、铁线莲与冰岛罂粟和金鱼草组合华丽无比。

夏季……千叶耆、蜀葵、穗花婆婆纳与朱唇、苏丹凤仙花等相配娇艳非凡。

秋季……秋牡丹、秋海棠与彩叶草相配时髦而高雅。

冬季……大吴风草、香雪球与羽叶甘蓝、紫罗兰相配给人以庄重和谐之感。

一、二年生草花谢花之后就栽下一个季节种类取而代之，重新配置。

宿根草华与球根花卉的组合

通过水培风信子就可知道，球根花卉的球中贮存有营养物质，栽培比较简单。很多种类在每年相应的季节来临时都会再次开花，可以说与宿根草花一样，是很好栽培的植物。

与宿根草花组合利用时，将球根花卉作为主题间植在宿根草花中，效果非常好。球根草花如郁金香、百合等大多花色艳丽，只需少量点缀作景即可，这样既经济，又显得自然和谐。不过像蓝壶花、雪花莲等矮株型的球根花卉宜作群植。

配植方式举例

春季……嚏根草与水仙花组合时髦又大方。用异果菊与郁金香相配，秀丽且高雅。

初夏……雏菊、赛亚麻、千叶蓍与百合配植，显得豪华、富贵。

夏季……美女樱、紫菀与大丽菊配合应用，艳丽非凡。

秋季……随意草与大丽花搭配，优美无比。

为了使庭院的景色在长长的一年中有些变化，定植时就要根据不同季节组配相应的球根花卉。这样也能增添一种期盼开花期来临的快乐。

有的球根花卉谢花后需将植株从土中挖出，但多数种类就此留在土中也无妨，只不过要记住施一次花后肥。

宿根植物

PART 2

常用宿根植物种类

了解宿根植物的生长习性是选择和使用的前提，常见的宿根植物有：矾根、五彩苏、桔梗、鸭跖草、松果菊、马蹄金等。比较容易种植。

01

矾根

Petunia hybrid

科属: 茄科，碧冬茄属
观赏期: 4~10月
株高: 20~45cm

生态习性

　　原产南美洲，多年生草本，全株被有腺毛，茎直立或侧卧；卵形叶片对生或互生；花单生于顶端或叶腋处，花冠漏斗形，花萼5列。喜阳、喜温暖干燥环境，不耐寒，9~15℃生长良好。播种或扦插繁殖。

花园应用

　　矾根叶色丰富多彩，适宜与各种草花搭配。可装饰花坛、草坪，也可在家庭盆栽置于窗边等地。

生态习性

原产南美洲，全国各地均有栽培。全株被柔毛，茎直立，常紫色，四棱形，常具分枝。叶膜质，卵圆形，长4~12.5cm，宽2.5~9cm，边缘具圆齿状锯齿或圆齿，色彩有黄、暗红、紫色及绿色等。轮伞花序，长5~10cm、宽3~5cm。性喜温暖、光照充足的气候，性强健，冬季温度不低于10℃。扦插繁殖。

花园应用

可以装饰花坛，也可以用于花境的前景植物。

02
五彩苏
Coleus scutellarioides

别名：锦紫苏、洋紫苏、五色草、彩叶草
科属：唇形科、鞘蕊花属
观赏期：3~10月

03
绵毛水苏
Stachys lanata

别名：棉毛水苏
科属：唇形科，水苏属
观赏期：6~9月
株高：30~45cm

生态习性

原产土耳其北部及亚洲西南一带，我国近年来引进栽培。多年生草本，茎直立，全株被白色绵毛。叶对生、柔软，基部叶为长圆状匙形，茎上部叶椭圆形。轮伞花序，花冠筒长约3cm，紫或粉色，上着白色绵毛。小坚果卵圆形。性喜阳光充足、温暖的环境，耐旱、耐热、耐半阴，不甚耐寒。喜排水良好的砂质壤土，忌种植在排水不良、板结的土壤中。分株繁殖。

花园应用

可装饰花坛、花境或在草坪中片植作色块。也可植于林下、坡地作地被植物。

生态习性

原产日本、朝鲜、西伯利亚等亚洲北部地区。我国多数地区均有分布，生于海拔3500m以下的水旁潮湿地。多年生草本，茎上部具倒向微柔毛，下部仅沿棱上具微柔毛。叶对生，具柄，短圆状披针形至披针状椭圆形，长3~7cm，沿脉密生微柔毛。轮伞花序腋生，球形，具梗或无梗。花冠淡紫色，上裂片较大，顶端2裂，其余3裂片近等大。小坚果卵球形。繁殖以分根为主，春、秋掘起种根，选优者重新栽植，另外也可扦插繁殖。

花园应用

花坛可片植或丛植作背景材料，或丛植、行植在林缘、溪旁等地。生产中常作芳香及药用植物栽培。亦可做盆栽观赏。

04
薄荷
Mentha haplocalyx

别名：野薄荷、水薄荷、水益母
科属：唇形科，薄荷属
观赏期：7~8月
株高：30~60cm

05

吊竹梅

Zebrina pendula

别名：水竹草、斑叶鸭趾草
科属：鸭跖草科，吊竹梅属
观赏期：夏季
株高：茎长可达1m

生态习性

原产墨西哥。多年生草本。茎匍匐，多分枝，疏生毛，节处生根。叶互生，基部鞘状，卵圆形或长椭圆形，长约7cm，宽约4cm，先端渐尖，具紫及花白色条纹，叶背紫色。花小、紫红色，花簇生于2个无柄的苞片内。性喜温暖湿润、阳光充足的环境。耐半阴，不耐寒。越冬温度约10℃。宜肥沃、疏松的土壤。扦插或分株繁殖，全年都可进行。

花园应用

吊竹梅叶色别致、紫白鲜明，枝条悬垂，适宜吊盆观赏，是良好的悬垂观叶植物。

生态习性

　　我国华东、华北、西南均有分布。常见于湿地。一年或多年生草本。茎下部匍匐生根、长可达1m。叶鞘及茎上部被短毛。叶披针形至卵状披针形，具白色膜质叶鞘。花瓣深蓝色，蒴果椭圆形，有种子4枚，种子长2~3mm,具不规则窝孔。性喜温暖湿润、通风稍阴的环境；喜疏松肥沃、排水良好的土壤。

花园应用

　　鸭跖草茎叶绿色、柔嫩、光滑，适宜盆栽，用于装饰布置窗台或作几架悬垂吊挂欣赏。

06
鸭跖草
Commelina communis

别名：淡竹叶、竹叶菜、竹芹菜
科属：鸭跖草科，鸭跖草属
观赏期：6~9月
株高：约20cm

07

银叶菊

Senecio cineraria

别名：雪叶菊
科属：菊科，千里光属
观赏期：6~9月
株高：30~40cm

生态习性

原产南欧，现我国各地均有引种栽培。多年生草本。茎多分枝。叶银灰色，被银白色柔毛，一至二回羽状分裂。头状花序单生枝顶，呈紧密伞房状，花小、黄色。喜阳光充足、凉爽湿润的环境和排水良好、富含腐殖质的土壤。忌高温和雨涝，耐半阴、稍耐寒，长江流域能露地越冬。播种、扦插或分株繁殖。

花园应用

银叶菊是观叶地被花卉，布置花坛、花境或林缘下作地被植物。也可盆栽观赏。

08
虎耳草
Saxifraga stolonifera

别名：通耳草、耳朵草
科属：虎耳草科，虎耳草属
观赏期：夏季
株高：14~45cm

生态习性

原产我国，秦岭以南各地都有。朝鲜、日本也有。多生于海拔1900m以下山地阴湿处。多年生草本，有细长的匍匐茎。叶基生、基部肾形，两面有长伏毛，上面绿色，下面紫红色，叶柄长3~21cm，多紫红色，与茎都有伸展的长柔毛。圆锥花序、花稀疏，花瓣5、白色，花不整齐。蒴果。性喜温暖、湿润、阴湿的环境，忌干燥和暴晒。不耐寒。华北一带作盆栽需室内越冬。分株繁殖。

花园应用

虎耳草株形秀气、喜阴湿，宜栽植于池塘、溪旁阴处或用于布置岩石园，或用作吸水石盆景。亦可盆栽，悬挂于廊下或室内观赏。

09

冷水花
Pilea notata

别名：透明草、白雪草
科属：荨麻科，冷水花属
观赏期：6~9月
株高：25~65cm

生态习性

　　我国华北、华东、华南、华中等地均有分布。生长于林下、沟边阴湿处。多年生常绿草本。茎肉质，叶对生，呈狭卵形或卵形，长4~11cm，基部以上边缘有浅锯齿，两面明显可见条形钟乳体。基出脉3条，叶脉下陷，脉间具白色斑纹或斑块。雌雄异株，雄花序长达4cm，花被4片；雌花序短而密，长在1.2cm以下，花被3或4片。性喜温暖、湿润气候，耐阴性强。夏季忌暴晒。冬季最低温度在10℃以上的地区可安全越冬，华北只宜盆栽室内越冬。扦插繁殖。

花园应用

　　常作林下耐阴湿观叶地被植物，南方露地栽植于林缘、灌木丛前或作花境镶边材料，北方可盆栽观赏。

生态习性

分布于新疆、甘肃、陕西、河南至江南各地，欧洲、亚洲、北非均有分布。生于海拔500~3600m的路旁、林下、向阳坡底。多年生草本。茎直立或基部伏地，上部四棱形，具倒向或卷曲的微柔毛。叶片卵形或矩圆状卵形，被柔毛，长1~4cm。叶柄短且被毛。穗状花序组成顶生伞房状圆锥花序。苞片倒卵形或倒披针形，绿色或带红晕。花萼钟状，花冠紫红色至白色，内面在喉部下被疏微柔毛，上唇2浅裂，下唇3裂，中裂片较大。小坚果卵圆形。性喜阳光、温暖的环境，亦能耐阴、耐瘠薄。喜碱性土壤。扦插或分株繁殖。

花园应用

可布置花坛、花境、岩石园，或片植于林缘、草地、路边，亦可作林下地被植物。

10
牛至
Origanum vulgare

别名：小叶薄荷、野薄荷、
　　　野荆芥、糯米条
科属：唇形科，牛至属
观赏期：7~10月
株高：25~60cm

11

大吴风草
Farfugium japonicum

别名：活血莲、独脚莲
科属：菊科，大吴风草属
观赏期：夏至冬季
株高：40~70cm

生态习性

　　我国东部各地区及沿海岛屿；朝鲜、日本也有分布。多年生草本，根状茎粗壮。叶互生，肾形，革质，有光泽。基生叶有长柄，花茎直立，高30~70cm，苞叶无柄，抱茎；头状花序在顶端排列成松散伞房状，直径4~6cm，黄色。耐阴湿、干旱、耐盐碱，不择土壤，以疏松肥沃、排水良好的土壤为宜。忌暴晒。分株或播种繁殖。

花园应用

　　大吴风草是良好的耐阴湿观叶地被植物，宜群植于高层建筑物背阴处、大树下、高架桥下、林地等阴湿空地。也可布置花坛、花境庇荫处。

生态习性

我国长江以南地区有分布。多生于山坡林边或天边阴湿处。多年生草本。茎细长，匍匐地面，被短柔毛，节上生根。叶互生，圆形或肾形，全缘，基部心形。花单生叶腋，形小、黄色，花梗短于叶柄。花冠钟状，5深裂。蒴果近球形。喜半阴或荫蔽环境，喜生长在富含腐殖质的湿润土壤中。播种或分株繁殖。

花园应用

宜作花坛、花境的底色植物或作大面积草坪种植。也可用于庭院绿化、固土护坡。或与酢浆草等植物混植形成缀花草坪。

12

马蹄金
Dichondra repens

别名：金马蹄草、小灯盏、小金钱
　　　小铜钱草
科属：旋花科，马蹄金属
观赏期：4~5月
株高：5~15cm

13

萱草

Hemerocallis fulva

别名：黄花菜、忘忧草
科属：百合科，萱草属
观赏期：5~8月
株高：40~100cm

生态习性

原产我国南部，欧洲南部至日本均有分布。在我国广泛栽培，也有野生的。多年生草本，具短的根状茎和肉质、肥大的纺锤状块根。叶基生，两列，宽线形。花葶粗壮，高约60~100cm，圆锥状聚伞花序顶生，有花十余朵，橘红色，无香味，花梗短；花冠漏斗形，盛开时裂片反曲，花瓣中部有褐红色的色带。蒴果矩圆形。性喜温暖、向阳环境，耐寒，耐半阴。块茎可在冻土中越冬。宜生长于富含腐殖质、排水良好的砂壤土中。分株或播种繁殖。

花园应用

萱草花色艳丽，花可次第开放，宜布置花坛、花境；或丛植点缀路旁、溪边；也可片植作疏林地被。

生态习性

原产我国，分布于华北、东北、西北和长江流域各地区。多年生草本，常作两年生栽培。茎簇生，直立，无毛。叶对生，线状披针形，长3~5cm，先端渐尖，基部抱茎。花单生或数朵簇生，有时成圆锥状聚伞花序，花下有4~6个苞片，花瓣5，有粉色、红色、白色、紫色。瓣片边缘有浅齿裂。种子矩圆形，灰黑色。喜阳光充足、通风良好、凉爽干燥的环境。土壤以肥沃含石灰质的为宜。播种或扦插繁殖。

花园应用

石竹花色鲜艳，花繁叶绿，适宜花坛、花境、岩石园，也可栽植于道路两旁、草坪镶边、山坡、林缘下。

14
石竹
Dianthus chinensis

别名：山竹子、大菊、瞿麦
科属：石竹科，石竹属
观赏期：4~5月
株高：20~40cm

15
旱金莲
Tropaeolum majus

别名：	旱莲花、荷叶七、金莲花
科属：	旱金莲科，旱金莲属
观赏期：	2~3月（秋播的）
	或7~9月（春播的）
株高：	可达1.5m

生态习性

原产南美洲，我国各地均有栽培。一年或多年生草本。茎蔓生或侧卧，灰绿色。叶互生，近圆形，具长柄，盾状着生，有9条主脉，边缘有波状钝角。花腋生，梗甚长，花瓣5，大小不等，黄色或橘红色，花径4~6cm。性喜阳光充足、温暖湿润的环境，喜排水良好的砂质壤土。忌涝，畏寒，北方盆栽温室内越冬，最低温度不能低于10℃。播种或扦插繁殖。

花园应用

旱金莲花大色艳，花期长，宜布置花坛、花境，或栽植于栅篱旁、矮墙边、假山石旁；亦可盆栽观赏。

生态习性

原产非洲南部，我国各地均有栽培。多年生直立草本。茎肉质，基部木质，多分枝，全株被细毛，具鱼腥气味。叶互生，圆形或肾形，基部心形，叶缘内有暗红色蹄纹。伞形花序顶生，总梗长，花多数，有红色、粉红色、白色，花在蕾期下垂，下面3片较大。蒴果。性喜阳光充足、温暖湿润的气候，不耐水湿，稍耐干燥，喜排水良好的肥沃土壤。冬季室内白天15℃，夜间不低于5℃，保持光照充足，即可开花不断。以扦插繁殖为主，亦可播种繁殖。

花园应用

花期持续时间长，常用为布置春夏花坛，是"五一"节花坛布置常用花卉，可露地栽植布置庭院，或盆栽观花、观叶欣赏。

16
天竺葵
Pelargonium hortorum

别名：臭海棠、洋绣球、石蜡红
科属：牻牛儿苗科，天竺葵属
观赏期：5~6月（主花期）
株高：30~60cm

17
八宝景天
Sedum spectabile

别名：华丽景天
科属：景天科，景天属
观赏期：7~10月
株高：30~50cm

生态习性

　　我国东北、华东地区有分布，生长于山坡草地。多年生肉质草本植物。茎粗壮而直立，簇生，不分枝。叶肉质，轮生或对生，倒卵形，边缘具波状齿。伞房状聚伞花序顶生，具多数密集的小花，淡粉红色。性喜光也耐半阴，耐旱耐寒（能耐~20℃的低温），耐瘠薄土壤，忌雨涝积水。分株或扦插繁殖。

花园应用

　　八宝景天叶绿花艳，适宜布置花坛、花境，或片植于疏林下作地被植物，或栽植于岩石园、林缘、道路两旁。

生态习性

　　原产北美，我国各地广为栽培。多年生草本。茎直立、粗壮，从生。叶对生，茎上部3叶轮生，卵状披针形或长圆形。圆锥花序顶生，花朵密集；花冠呈高脚碟状，长达3cm,花色多样，有红色、蓝色、紫色、粉色或白色。喜光，耐寒，尤喜凉爽环境。忌夏季高温多雨。要求疏松肥沃、排水良好的土壤。蒴果卵形，有多数种子。分株或扦插繁殖。

花园应用

　　天蓝绣球花色丰富，常作观花地被植物。宜布置花坛、花境、岩石园或草坪、林缘点缀。也可盆栽观赏。

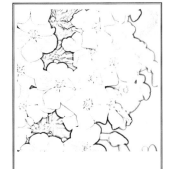

18
天蓝绣球
Phlox paniculata

别名：宿根福禄考
科属：花葱科，天蓝绣球属
观赏期：6~8月
株高：60~100cm

19
旋花
Calystegia sepium

别名：打破碗花、狗儿弯藤、打碗花
科属：旋花科，打碗花属
观赏期：夏季
株高：茎蔓生，长达6m以上

生态习性

分布于我国多地，生长于荒地或路旁。多年生草本。茎缠绕或匍匐。叶互生，正三角状卵形，长4~8cm，基部箭形或戟形，二侧具浅裂片或全缘。花单生叶腋，花梗长，具棱角。花冠漏斗状，5浅裂，粉红色。蒴果球形，种子黑褐色。性耐寒，宜肥沃、排水良好的砂质壤土栽植。分根繁殖。

花园应用

旋花可作垂直绿化，或栽植于栅篱旁、假山旁等处。

生态习性

原产南美洲。多年生草本。全株被腺毛。茎圆柱形，直立或侧卧。上部叶对生，下部多互生，卵形，全缘，几无柄。花单生叶腋或枝端，花萼深5裂，裂片披针形；花色多样，有白色、堇色、粉红色、红色、紫色以及各种斑纹。花冠漏斗状，长5~7cm，先端具波状浅裂。栽培品种多，花瓣变化大，因品种而异，有单瓣或重瓣，边缘皱纹状或有不规则锯齿。若种植温度能保持在15~20℃，可四季开花。蒴果，种子极小。性喜温暖、阳光充足的环境，不耐寒，忌积水。夏季能耐35℃的高温。宜疏松肥沃、排水良好的微酸性土壤栽植。播种或扦插繁殖。

花园应用

碧冬茄花大、色多且艳丽，花期长，适于花坛、花境布置，大花及重瓣品种可作盆栽观赏或作切花。

20
碧冬茄
Petunia hybrida

别名：矮牵牛、灵芝牡丹、
　　　杂种撞羽朝颜
科属：茄科，碧冬茄属
观赏期：4~10月
株高：20~60cm

21
假龙头花
Physosteqia virginiana

别名：假龙头草、随意草
科属：唇形科，假龙头花属
观赏期：7~9月
株高：约1m

生态习性

原产北美。多年生草本。茎丛生且直立，四棱形。单叶对生，亮绿色，披针形，边缘具锯齿。穗状花序顶生，长可至30cm，每轮2朵花，有白色、淡紫红色。性较耐寒，喜阳光充足、温暖的环境，土壤以疏松肥沃、排水良好的砂质壤土为宜。夏季高温干旱，则生长不良，要注意浇水，保持土壤湿润。分株或播种繁殖。

花园应用

假龙头花花朵繁茂，秀丽，花色淡雅，适宜布置花坛、花境；而其淡紫色花，属冷色系，可与暖色系花卉搭配种植，彰显花卉独特魅力。也可盆栽观赏或作切花。

22
毛地黄钓钟柳
Digitalis purpurea

别名：自由钟、洋地黄
科属：玄参科，毛地黄属
观赏期：5~6月
株高：90~120cm

生态习性

　　多年生草本，株高60cm，全株被茸毛，茎直立丛生。秋凉后，基生叶转红，而其中的园艺品种'Husker Red'，红叶特征更明显，甚至上部叶也呈现红绿色。

花园应用

　　毛地黄植株、花型挺拔优美、花色鲜艳，适宜布置花坛、花境、庭院，可作中心花材或背景材料。亦可盆栽观赏。

23
双色茉莉
Brunfelsia acuminata

别名：鸳鸯茉莉
科属：茄科，鸳鸯茉莉属
花期：4~10月
株高：30~100cm

生态习性

叶片长卵形，暗绿色。花单生或几朵密生，花被具5浅裂，好似5瓣梅花，花冠直径3~4cm，花初开时呈淡紫色，逐渐变成青色，最后变成白色。

花园应用

适宜布置花坛、花境或片植于林缘、路边、建筑物周围。

生态习性

多年生直立草本。株高约50~80cm。叶互生，纸质，披针形。花单生叶腋，白色，花冠管长，五裂。全株具乳汁。蒴果椭圆形。

花园应用

适合家庭阳台盆栽，窗边观赏，或植于合适的路边，花坛欣赏。

24
同瓣草
Laurentia longiflora

别名：长星花、许士草、长冠花
科属：桔梗科，同瓣草属
观赏期：7~11月
株高：50~80cm

25
铁线莲
Clematis florida

别名：架子菜
科属：毛茛科，铁线莲属
观赏期：6~9月
株高：长约1~2m

生态习性

原产我国，广东、广西、湖南、浙江等地区均有分布。生于低山区的丘陵灌丛中。藤本，茎棕色或紫红色，节部膨大。叶二回三出复叶，对生，小叶卵形至卵状披针形，全缘。花单生于叶腋，具长花梗，花被片4~8，乳白色，瓣背有绿色条纹。喜阳光充足、凉爽的环境，茎基部与根部喜略阴天；耐寒性强，冬季忌干冷与水涝、夏季忌干旱。土壤以疏松肥沃、排水良好的微酸性或中性土壤为宜。播种或分株繁殖。

花园应用

铁线莲花朵艳丽，枝蔓健壮，为优良的棚架、篱垣、凉亭等绿化材料，适宜庭院布置。也可盆栽观赏或作切花。

生态习性

原产欧洲中部和南部。多年生常绿草本。基生叶1~2枚，掌状裂，有长柄；茎生叶较小，无柄或有鞘状短柄。花茎单生或分叉；花朵单生于有红色斑纹的花梗上。萼片5，绿白色或粉红色，小而色淡。性较耐寒，喜温暖湿润、半阴环境，忌干冷。在疏松肥沃、排水良好的砂质壤土中生长良好。播种或分根繁殖。

花园应用

嚏根草冬末春初开花，适宜花境、林下、灌木丛前栽植。也可盆栽供冬季室内观赏。

26
嚏根草
Helleborus niger

别名：铁筷子、圣诞玫瑰
科属：毛茛科，铁筷子属
观赏期：3~4月
株高：30~45cm

27

荷包牡丹
Dicentra spectabilis

别名：滴血的心
科属：罂粟科，荷包牡丹属
观赏期：4~5月
株高：30~60cm

生态习性

原产我国，华北、东北均有分布。多年生草本。茎丛生，带紫红色。叶二回三出全裂，有长柄，叶被白粉。总状花序，花朵着生一侧并下垂；花两侧对称；花瓣长约2.5cm，外面2枚蔷薇红色，下部囊状，上部狭且反曲；内面2枚狭长，近白色，只顶部呈红紫色；萼片2枚，小而早落。雄蕊6，合生成两束；雌蕊条形。性耐寒，生长期间喜侧方遮阴，忌夏季日光直射。喜湿润、疏松的壤土。分株或种子繁殖。

花园应用

可作花坛、花境布景，或丛植作疏林下地被植物。也可盆栽观赏。

生态习性

原产欧洲南部，现各地栽培。多年生草本，常作一、二年生栽培。全株具灰色星状柔毛。叶互生，长圆形至倒披针形，全缘，灰蓝绿色。顶生总状花序，花色有淡红色、淡黄色、紫红色、白色等，具芳香；花瓣4，十字状着生。萼片4，两侧萼片基部垂囊状。长角果，种子具白色膜翅。喜阳光充足、冷凉的环境，冬季能耐-5℃低温。忌高温多湿，栽植以肥沃、排水良好的中性土壤为宜，忌强酸性土。播种繁殖。

花园应用

紫罗兰花色鲜艳且浓香，是春季花坛的重要花卉，可与雏菊、金盏菊、金鱼草花卉等配植。也可盆栽观赏或作切花。

28
紫罗兰
Matthiola incana

别名：草桂花、草紫罗兰
科属：十字花科，紫罗兰属
观赏期：4~5月
株高：30~60cm

29
矮桃
Lysimachia clethroides

别名：珍珠草、珍珠菜、野鸡公花、
狼尾草
科属：报春花科，珍珠菜属
观赏期：5~6月
株高：40~100cm

生态习性

原产我国，华北、长江南北均有分布。茎直立，被黄褐色卷毛。单叶互生，长6~15cm，卵状椭圆形或宽披针形，两面疏生黄色卷毛。总状花序顶生，初花时密集，后渐伸长，结果时达40cm；花冠白色，长5~8mm，裂片倒卵形；花萼裂片，宽披针形；蒴果球形。喜阳光充足、湿润的环境。土壤以排水良好的砂质壤土为宜。播种或分株繁殖。

花园应用

矮桃喜生于山坡、溪边，可片植或丛植，亦可配置于岩石园、假山石缝间或与矮生花搭配种植，美化环境。

30
老鹳草
Geranium wilfordii

别名：老牛筋、老鹳嘴
科属：牻牛儿苗科，老鹳草属
观赏期：6~8月
株高：40~80cm

生态习性

　　分布于东北、华北、华东及湖北。生长于海拔100~500m的草坡、林下。茎细长，下部稍蔓生，具倒生微柔毛。叶对生，基生叶和下部茎生叶为肾状三角形，基部心形，3深裂，上下两面被伏毛。下部茎生叶的叶柄长过叶片，上部的较短；顶部的叶阔三角形，3深裂。花序腋生，总花梗被倒向短柔毛，每梗具2花；花瓣白色或淡红色，花柄长几等于总花梗。蒴果。喜阳光充足、温暖湿润的气候，较耐寒。土壤要求疏松肥沃、湿润。分株繁殖。

花园应用

　　老鹳草花色淡雅，可与其他花卉混植布置花坛、花境。

31
柳穿鱼
Linaria vulgaris

别名: 彩雀花、姬金鱼草
科属: 玄参科, 柳穿鱼属
观赏期: 6~9月
株高: 30~60cm

生态习性

　　分布于长江以北各地区，欧、亚两洲也有。多年生草本，茎直立长分枝，全株被腺毛或无毛。叶多互生，条形至条状披针形，全缘。总状花序顶生，花冠黄色，花冠筒基部有长矩，矩与花冠近等长。花萼5片，深裂成披针形。蒴果卵圆形。性喜阳光充足、凉爽的气候。宜栽植于湿润肥沃、排水良好的砂质壤土中。播种或分株繁殖。

花园应用

　　柳穿鱼花型、花色别致，适宜布置花坛、花境，或用于草坪点缀。亦可盆栽观赏或作切花。

生态习性

多年生草本，全株被毛。叶对生，卵状披针形或卵状椭圆形。聚伞花序顶生，有花3~7朵；花大，直径6~7cm，花瓣顶端中裂，边缘流苏状；花色有绯红、白色或红色上有白色条纹。性耐寒，喜凉爽、湿润的环境，忌高温多湿。喜肥沃、排水良好的土壤。以播种繁殖为主。

花园应用

剪秋罗花大色艳，适宜布置花坛、花境。

32
剪秋罗
Lychnis senno

别名：大花剪秋罗
科属：石竹科，剪秋罗属
观赏期：7~8月
株高：约60cm

33
风铃草
Campanula medium

别名：钟花
科属：桔梗科，风铃草属
观赏期：5~6月
株高：30~120cm

生态习性

原产南欧地区，我国园林有栽培。二年生或多年生草本。全株具粗毛，茎粗壮直立。基部叶卵状披针形，长15~25cm，缘具钝齿，茎生叶披针状矩形。总状花序顶生；花冠膨大，钟形，直径2~5cm，长5cm，花色有白色、粉色、蓝色及堇紫色等不同深浅的颜色。喜温暖向阳、通风良好的环境。忌干热喜冷凉。土壤以深厚肥沃、排水良好的中性或微碱性土壤为宜。播种、分株或扦插繁殖。

花园应用

风铃草植株高大、花色鲜丽，常作花坛、花境背景或林缘栽植，也可盆栽观赏或作切花。

34
穗花婆婆纳
Veronica spicata

别名：毛叶水苦荬
科属：玄参科，婆婆纳属
观赏期：7~9月
株高：15~50cm

生态习性

我国新疆北部有分布，欧洲、西伯利亚、中亚都有。生长于草原或针叶林内。多年生草本，茎单生或数枝丛生，不分枝，下部被密生白色柔毛。叶对生，长矩圆形，近无柄，缘具锯齿。花序长穗状且细长，1cm左右的小花朵聚集其上，花冠紫色或蓝色。喜阳光充足、耐半阴。以肥沃湿润、排水良好的土壤为宜，忌冬季土壤湿涝。播种或分株繁殖。

花园应用

穗花婆婆纳花枝挺拔优美，宜布置花坛、花境或岩石园，或片植于坡地，有良好的观赏效果。

35
桔梗
Platycodon grandiflorus

别名：铃铛花、包袱花
科属：桔梗科，桔梗属
观赏期：6~9月
株高：30~100cm

生态习性

我国各地均有分布，多生长于山坡、草丛间或林边沟旁。多年生草本，有白色乳汁。块根圆锥形。茎上部有分枝，无毛；叶互生或3枚轮生，卵形至卵状披针形，叶背蓝粉色。花单生或数朵组成总状花序；花冠5浅裂，蓝紫色，宽钟状，直径4~6.5cm；花萼裂片5枚，三角形至狭三角形。蒴果倒卵圆形。

花园应用

桔梗花大，花期长，宜配置花坛、花境或岩石园观花，也可盆栽作切花。

生态习性

原产北美。多年生草本，茎丛生，多分枝。叶线状披针形，互生，幼嫩时微呈紫色。头状花小，集形成伞房状，径约2.5cm；舌状花蓝紫或白色，约15~25个左右。喜温暖湿润、阳光充足的环境，栽植土壤以疏松肥沃、排水良好且富含腐殖质的砂质壤土为宜。播种、扦插或分株繁殖。

花园应用

荷兰菊花繁色艳，适应性强，盛花时正值国庆，适宜布置花坛、花境，群植效果极佳。也可盆栽观赏。

36
荷兰菊
Aster novi-belgii

别名：柳叶菊
科属：菊科，紫苑属
观赏期：8~10月
株高：50~100cm

生态习性

原产西欧，我国各地广为栽培。多年生草本。基生叶倒披针形，具长柄；茎生叶线形，无柄，边缘具细尖锯齿。头状花序单生于茎顶，直径6~10cm；舌状花白色，具香气；管状花黄色。喜阳光，稍耐寒，生长适温15~30℃。忌雨涝。不择土壤，但在疏松肥沃、排水良好的砂质壤土中生长良好。播种或分株繁殖。

花园应用

大滨菊花素雅、枝挺拔，宜布置花坛、花境、庭院片植于林缘、草坪上。也可盆栽观赏或作切花。

37
大滨菊
Leucanthemum maximum

别名：大白菊
科属：菊科，滨菊属
观赏期：6~7月
株高：40~100cm

38
菊花
Dendranthema morifolium

别名：滁菊
科属：菊科，菊属
观赏期：10~12月
株高：60~150cm

生态习性

　　原产我国及日本。多年生草本。茎直立，青绿色至紫褐色，基部半木质化，被灰色柔毛。叶卵形或披针形，羽状浅裂至深裂，边缘有粗大锯齿，基部楔形，有叶柄。头状花序单生或数个聚生茎顶，微香，直径2.5~20cm；边缘舌状花，中央管状花，花色除蓝色和黑色外，其余各色均有。瘦果不发育，褐色且细小。具有一定的耐寒性，喜阳光充足、凉爽的气候。最忌涝及连作。宜栽植于富含腐殖质、疏松肥沃、排水良好的中性或稍偏酸性的砂质壤土中。播种、扦插、分株和嫁接繁殖都可以。

花园应用

　　菊花品种繁多，花型及花色丰富，适宜布置花坛、花境或岩石园。也可盆栽观赏或作切花。

39
金鸡菊
Coreopsis drummondii

别名：小波斯菊、金钱菊、孔雀菊
科属：菊科，金鸡菊属
观赏期：5~10月
株高：30~60cm

生态习性

　　原产美国南部。多年生草本。叶片多对生、稀互生，全缘、浅裂或切裂。花单生或为疏圆锥花序；总苞2列，每列3枚，基部合生；舌状花1列，宽舌状，呈黄色、棕色或粉色；管状花黄色至褐色。喜光，也耐半阴。适应性强，耐寒耐旱。对土壤要求不严。多播种或分株繁殖，也可扦插繁殖。

花园应用

　　金鸡菊易于自播繁衍，且花色鲜艳，可作林下、坡地地被植物，亦可布置花坛、花境或作切花。

40

过路黄

Lysimachia christinae

别名：金钱草、真金草、走游草、
　　　铺地莲
科属：报春花科，珍珠菜属
观赏期：5~7月
株高：20~60cm

生态习性

　　喜温暖，喜阴凉且湿润的环境，不耐寒。适宜肥沃疏松、腐殖质较多的砂质壤上。茎柔弱，平卧延伸。叶对生，卵圆形。花单生叶腋。

花园应用

　　花朵小巧可爱，可用于庭院、草地点缀，亦可作镶边花材。

生态习性

原产北美，世界各地多有栽培。多年生草本，全株具粗毛。叶互生，卵状披针形至阔卵形。基生叶卵形或三角形；茎生叶卵状披针形，叶柄基部稍抱茎。头状花序单生于枝顶或数朵聚生，花直径达10cm，舌状花紫红色，管状花橙黄色。性强健、耐寒，喜温暖向阳的环境。宜栽植于深厚肥沃、富含腐殖质的土壤。播种或分株繁殖。

花园应用

松果菊植株高大、花梗挺拔，适宜布置花坛、花境，或林缘、坡地丛植，或其他背景式自然栽植；也可作切花。

41
松果菊
Echinacea purpurea

别名：紫锥菊、紫锥花
科属：菊科，松果菊属
观赏期：6~7月
株高：60~150cm

生态习性

原产非洲，我国各地均有栽培。多年生草本，全株被细毛。基生叶多数，长椭圆状披针形，长12~25cm，宽5~8cm，羽状浅裂或深裂，叶背具长毛；叶柄长12~20cm。头状花序单生，花梗长，高出叶丛，花径8~10cm；总苞盘状钟形，总苞片条状披针形；舌状花大，条状披针形，橘红色；筒状花较小，常与舌状花同色。栽培品种极多，花色有白色、橙色、红色、黄色、粉色和橘黄色等。喜阳光充足、冬暖夏凉、空气流通的环境。喜疏松肥沃、排水良好、富含腐殖质的微酸性砂质壤土；但在中性和微碱性性土壤中也能生长。忌重黏土。播种、分株或扦插繁殖。

花园应用

非洲菊花色鲜艳，周年开花，适宜庭院丛植，布置花坛、花境、装饰草坪边缘或布置专类品种园。也宜盆栽观赏，装饰厅堂、门廊、窗台等。高型品种是世界著名切花。

42
非洲菊
Gerbera jamesonii

别名：扶郎花
科属：菊科，大丁草属
观赏期：5~6月和9~10月（盛花期）
株高：约60cm

生态习性

喜温暖，阳光充足的环境。对土壤要求不严。不耐寒，在酷热下生长不良。分枝力强。

花园应用

藿香蓟株丛繁茂，花色淡雅、常用来配置花坛和地被，也可用于庭院、路边、岩石旁点缀。矮生种可盆栽观赏，高杆种用于切花插瓶或制作花篮。

43
藿香蓟
Ageratum conyzoides

别名：一枝香
科属：菊科，藿香蓟属
观赏期：全年
株高：50~100cm

生态习性

喜凉爽，不耐炎热，怕水涝。夏季炎热时叶子脱落，耐寒力不强。喜土壤肥沃且排水良好。

花园应用

玛格丽特花朵美丽，适合我国各地的花园、庭院、花镜等地栽植。

44
玛格丽特
Argyranthemum frutescens

别名：茼蒿菊
科属：菊科，木茼蒿属
观赏期：2~10月
株高：高达1m

生态习性

原产于北美洲，本种为园艺杂种。多年生草本，全株被粗糙刚毛。叶互生，无柄，阔披针形，全缘。头状花序单生，直径4~5cm；舌状花黄色，舌片长圆形；管状花暗褐色或暗紫色。瘦果四棱形。喜阳光充足、通风良好的环境，耐寒、耐旱。对土壤要求不严，一般园土均可生长。播种、扦插或分株繁殖。

花园应用

黑心金光菊花色醒目，适宜作花境背景，也可林缘、隙地、篱旁、门前等片植。

45
黑心金光菊
Rudbeckia hirta

别名：黑心菊、黑眼菊
科属：菊科，金光菊属
观赏期：5~9月
株高：60~100cm

46
金光菊
Rudbeckia laciniata

别名：黑眼菊
科属：菊科，金光菊属
观赏期：5~10月
株高：1~2m

生态习性

原产于加拿大及美国。多年生草本，常作一、二年生栽培。茎多分枝，叶片宽且厚，基部叶羽状分裂5~7裂，茎生叶3~5裂，边缘具锯齿。头状花序生于主干之上，舌状花单轮，既有倒披针形而下垂，也有上翘花瓣。花色有橘红色、深红色、水红色、粉红色等颜色。喜阳光充足、通风良好的环境，耐寒又耐旱。对土壤要求不严，但忌水湿，在排水良好、疏松的砂质壤土中生长良好。种子或分株繁殖。

花园应用

适宜作花境背景材料，或林缘下栽植。

生态习性

一种蓝色的菊科植物。春天、秋天开淡蓝色美丽的小花。花色明快、花期长。喜阳光，长势旺，抗寒性弱。

花园应用

多用于花坛种植或岩石景观栽植。扦插芽繁殖。

47

蓝费丽菊
Solidago canadensis

别名：雏菊
科属：菊科，一支黄花属
观赏期：从夏至秋
株高：1~1.5m

生态习性

　　原产南非。多年生草本。茎短,叶簇生其上。叶片线状披针形至倒卵状披针形,全缘或浅羽状裂,叶背密被白色绒毛。头状花序单生,具长梗,花茎7~8cm;舌状花橙色,基部有黑色、白色眼点或棕色斑块;总苞片2层或多层,基部相连呈杯状。喜阳光充足、温暖、凉爽的环境。耐低温,但不耐冻。忌高温高湿,忌积水。喜疏松肥沃、排水良好的土壤。

花园应用

　　勋章花株丛低矮,适宜布置花坛、花境、草地镶边,或作林缘地被植物。亦可盆栽观赏。

48
勋章花
Gazania riens

别名:勋章菊、非洲太阳花
科属:菊科,勋章花属
观赏期:从春至秋
株高:20~30cm

生态习性

上部多分枝，密被灰色短柔毛。叶聚生枝顶，狭匙形或狭倒披针形，长2~4cm，宽5~4mm，全缘或有时3~5裂，顶端钝，基部渐狭，两面密被灰色短柔毛，质地厚。头状花序盘状，直径约7mm，有长6~15mm的细梗，生于枝端叶腋，排成有叶的总状花序；总苞半球形，总苞片3层叶质，外中层等长，椭圆形，钝或急尖，内层较短小，矩圆形，几无毛，具宽膜质边缘。边花雌性，1列，花冠管状，顶端2~3裂齿，具腺点；盘花两性，花冠管状，长1.5mm，顶端5裂齿，外面密生腺点。瘦果矩圆形，长约1.5mm，基部收狭，具棱，被腺点；冠状冠毛长约0.5mm，撕裂状。花果期全年。

花园应用

芙蓉菊适应性很强，广泛应用于各种园林绿地，适合搭配一切的花卉植物，不会抢主角风头，是非常好的配置植物。

49
芙蓉菊
Crossostephium chinens

科属：菊科，芙蓉菊属
观赏期：全年
株高：10~40cm

50
硫华菊
Cosmos sulphureus

别名：黄秋英
科属：菊科，秋英属
观赏期：6~10月
株高：20~80cm

生态习性

　　原产于墨西哥，中国有栽培。多分枝。叶为对生的二回羽状复叶，深裂，裂片呈披针形，有短尖，叶缘粗糙，与大波斯菊相比叶片更宽。春播花期6~8月，夏播花期9~10月。喜阳光充足，不耐寒。

花园应用

　　硫华菊花大、色艳，最宜丛植或片植。与其他多年生花卉一起栽植于花境、草坪及林缘。最适宜自然式配植。

生态习性

原产墨西哥及危地马拉。多年生草本。茎丛生、直立、多分枝，被腺质软毛。叶交互对生，无柄，卵状披针形至披针形，边缘有疏浅齿。圆锥花序，偏侧生，小花通常3~4朵腋生于总梗上；花色有淡紫色、紫红色、粉红色至白色，花冠筒内有白色条纹。钓钟柳性强健，喜光照、喜湿润，忌积水。择土不严，栽植土壤以排水良好、含有石灰质的砂质壤土为佳。播种或分株繁殖。

花园应用

可做花境、花坛布置或庭院栽植。也可盆栽观赏或作切花。

51
钓钟柳
Penstemon campanulatus

别名：象牙红
科属：玄参科，钓钟柳属
观赏期：7~10月
株高：40~60cm

52
蛇鞭菊
Liatris spicata

别名：麒麟菊、猫尾花
科属：菊科，蛇鞭菊属
观赏期：7~8月
株高：60~150cm

生态习性

原产北美东部和南部。多年生草本，全株无毛或散生短柔毛。叶互生，线形或披针形，全缘，下部叶长约17cm。头状花序，紧密排列成穗状，长60cm，花淡紫红色；每一头状花序有8~13朵小花，由上而下次第开放。喜阳光，耐寒、耐水湿。耐贫瘠，也喜疏松肥沃、排水良好的砂质土壤。播种或分株繁殖。

花园应用

蛇鞭菊花色艳丽，花穗长，常与其他花材作花境配置或自然式群植，也可作切花。矮生品种可用于花坛布置。

生态习性

　　原产北美东部。多年生草本。茎匍匐，丛生密集成垫状，基部稍木质化。叶常绿，钻形簇生。聚伞花序，花瓣5，倒心形，顶端有深缺刻，花色有粉红色、白色、紫色等颜色，略有芳香。性强健，耐寒、耐热、耐旱、耐盐碱，忌过湿，喜阳光也耐半阴。一般土壤均可生长，但以湿润肥沃、排水良好、富含腐殖质的土壤为好。扦插或分株繁殖。

花园应用

　　可布置在岩石园及花境等镶边用，或栽植在疏林下覆盖裸露的地面，也可用于坡面绿化。

53
丛生福禄考
Phlox subulata

别名：芝樱
科属：花葱科，天蓝绣球属
观赏期：3~5月
株高：10~15cm

54
紫花地丁
Viola philippica

别名：野堇菜、光瓣堇菜
科属：堇菜科，堇菜属
观赏期：3-4月
株高：5~15cm

生态习性

我国大部分地区有分布，朝鲜、日本等地也有。多年生草本，无地上茎，全株被白色短柔毛。叶基生，舌状或卵状披针形，具规则圆齿；托叶钻状三角形，淡绿色或苍白色，大部分与叶柄合生。花瓣蓝紫色，下瓣距细管状；花梗在花期高于叶面，果期短于叶面。蒴果椭圆形至长圆形。喜阳光充足、湿润、凉爽的环境，适应性强，耐寒、耐旱、耐半阴。播种或分株繁殖。

花园应用

紫花地丁是良好的观花地被植物。适宜布置花坛、花境、庭院，或片植于林缘、草地、坡地，或与其他野生地被植物混植如蒲公英等，形成美丽的缀花草坪。

生态习性

多年生草本，花瓣唇形，春、夏、秋三季均开花，种子细小，喜高温多湿，喜长日照。对栽培土壤要求不严，需排水良好。播种或扦插繁殖。

花园应用

香彩雀花色鲜艳、色彩丰富、花期长，适宜布置花坛、花境，点缀草坪或林缘片植。

55
香彩雀
Phlox paniculata

别名：天使花
科属：玄参科，香彩雀属
花期：全年
株高：30~70cm

56

四季海棠
Begonia semperflorens

别名：四季秋海棠、蚬肉海棠
科属：秋海棠科，秋海棠属
观赏期：四季开花
株高：15~30cm

生态习性

原产巴西，我国各地均有栽培。肉质多年生草本。茎直立，无毛，基部多分枝。叶卵形或宽卵形，长5~8cm，基部微斜，边缘有锯齿和睫毛，有绿色、紫红色或绿带紫晕的变化。花数朵聚生于腋生的总花梗上，花淡红色或带白色，花瓣或重或单。蒴果绿色，翅带微红。喜通风良好、温暖湿润的环境。夏季不耐阳光直射和雨淋，应遮阴和防雨，冬天喜欢充足的阳光。播种、扦插或分株繁殖。

花园应用

四季海棠株形低矮且圆整，花色鲜明、花叶美丽，是很受欢迎的盆栽花卉。适宜装饰案头、茶几等，或布置花坛、草地镶边及立柱、花墙种植。

生态习性

原产中国、日本、朝鲜，我国河北、山西、陕西、内蒙古等地均有分布，生长于海拔2000m以下的山地阴湿石上或草丛中。多年生肉质草本，茎直立，不分枝。叶互生，长披针形至倒披针形，长5~8cm，顶端渐尖，基部楔形，近上部边缘有钝锯齿，几无柄，叶色绿中带红晕。聚伞花序顶生，花密生，着花5~100个左右；花瓣5，黄色，椭圆状披针形；萼片5，条形，不等长。费菜喜光照，稍耐阴，具一定耐寒性。对土质不甚选择，但以排水良好、富含腐殖质的土壤为佳。分株或扦插繁殖。

花园应用

可布置花坛、花境，用于岩石园或林缘群植做地被植物或草坪镶边，也可盆栽观赏或作切花。

57
三七景天

别名：土三七、景天三七、养心草
科属：景天科，景天属
观赏期：6月
株高：20~50cm

生态习性

　　原产欧洲，我国各大城市均有栽培。多年生草本，常作二年生栽培。茎多分枝，长平卧地面，葡匐生根。叶对生，基生叶近圆心形，有长柄；茎生叶较狭，边缘具圆钝锯齿。托叶大，基部有羽状深裂。花大，腋生，花径3~6cm；花瓣5，假面状，覆瓦状排列。花色有蓝色、黄色、近白色；萼片5，绿色。果椭圆形，3瓣裂。性较耐寒，喜凉爽环境，耐半阴。要求肥沃疏松的砂质壤土。炎热多雨的夏季常发育不良。播种或分株繁殖。

花园应用

　　三色堇株形低矮，花色瑰丽，宜作花坛、花境及镶边植物，或片植于坡地作地被植物。亦可盆栽观赏。

58
三色堇
Viola tricolor

别名：猴面花、猫儿脸
科属：堇菜科、堇菜属
观赏期：4~5月
株高：30~40cm

生态习性

　　亚洲其他地区、欧洲、南美洲都有分布，我国分布于辽宁南部以南各地。多年生草本，茎匍匐，有柔毛。三出复叶，小叶片近无柄，菱状卵形或倒卵形，边缘有钝锯齿，叶背及叶面均有柔毛；叶柄长1~5cm。花单生于叶腋，花梗长3~6cm，花瓣黄色，矩圆形或倒卵形；花托扁平，果期膨大成半圆形，红色。副萼筒5，萼片比副萼小，均有柔毛。瘦果小，暗红色。蛇莓喜半阴半阳或偏阴的环境，强阴下长势差。其对土壤适应性强。分株或播种繁殖。

花园应用

　　蛇莓是常绿的观赏地被植物，适宜栽植于林缘、树荫下，且可同时观赏花、果、叶。

59
蛇莓
Duchesnea indica

别名：三爪风、东方草莓、蛇泡草
科属：蔷薇科，蛇莓属
观赏期：3~12月
株高：长30~50cm

60

蝴蝶花

Iris japonica

别名：马兰花、扁竹、扁担叶
科属：鸢尾科、鸢尾属
观赏期：4~5月
株高：40~55cm

生态习性

原产我国中部及日本，常丛生于林缘。多年生草本，根茎较细，入土较浅。叶剑形，叶面绿色有光泽，叶背暗绿色，顶端渐尖。总状花序顶生，花茎稍高于叶丛；花淡紫色或淡蓝色，花径5~6cm；外轮3花被，裂片倒宽卵形至楔形，顶端稍凹缺，中部具鸡冠状突起；内轮3花被，裂片狭倒卵形，顶端2裂，边缘稍有齿裂。蒴果倒卵状圆柱形或倒卵状楔形。蝴蝶花喜半阴的环境，栽植土壤以排水良好、适度湿润且富含腐殖质的黏质壤土为佳。分株或播种繁殖。

花园应用

蝴蝶花叶丛优美、花朵艳丽，可布置花坛、花境，或丛植于林缘、溪边。

生态习性

原产我国，在长江中下游至东北广布，朝鲜、俄罗斯也有分布。多年生宿根草本，有粗根状茎。茎直立，基生叶为二至三回三出复叶，具长柄；小叶卵形、棱状卵形或长卵形，边缘有重锯齿，两面只沿脉疏生有硬毛；茎生叶2~3枚，较小。圆锥花序长达30cm，花轴密生褐色曲柔毛；花密集，几无柄，花瓣5，红紫色，狭条形；苞片卵形，较花萼短。落新妇性强健，在半阴环境中生长较好，喜腐殖质丰富的酸性和中性土壤，也耐轻碱地。播种或分株繁殖。

花园应用

落新妇花序大且花色艳丽，适宜布置花坛或丛植于林下、灌木丛间观赏，亦可盆栽观赏或作切花。

61
落新妇
Astilbe chinensis

别名：金毛三七、红升麻、金毛狗
科属：虎耳草科，落新妇属
观赏期：7~8月
株高：40~80cm

62
柳叶马鞭草
Verbena bonariensis

别名: 南美马鞭草、长茎马鞭草
科属: 马鞭草科, 马鞭草属
观赏期: 5~9月
株高: 100~150cm

生态习性

　　原产南美洲。多年生草本, 茎为四棱形, 全株被细毛。叶为柳叶形, 十字对生, 初期叶椭圆形, 边缘略有缺刻, 花茎抽高后的叶转为细长型, 柳叶状。聚生花序, 紫红色或淡紫色。喜日照充足、温暖的环境, 耐旱不耐寒, 生长适温为20~30℃。对土壤要求不严, 以排水良好、湿润的土壤为宜。用播种、扦插及切根分株繁殖。

花园应用

　　柳叶马鞭草株形紧凑、高大, 花色艳丽, 适宜花境背景配置或片植用于景观布置, 或沿路带状群植。

生态习性

产于热带干旱地区。多年生肉质草本，茎圆柱形、粗壮而直立，簇生。单叶对生，肉质叶椭圆，叶红色。聚伞形花序顶生，花径10~13cm，小花密集，花色淡粉色至深粉红色；萼片5。红叶景天喜温暖干燥的气候，半阴潮湿的环境也能生长，耐寒，耐干旱，适生温度15~30℃，怕积水。栽植时地面最好有点坡度，以利排水，土壤以砂质壤土为好。扦插或分株繁殖。

花园应用

红叶景天花、叶均具观赏价值且花期长、花团紧簇，适宜布置花坛、花镜，或成片栽植用作地被植物，或点缀岩石园，也可盆栽观赏。

63
红叶景天

别名：蝎子草
科属：景天科，景天属
观赏期：8~11月
株高：10cm左右

64
熏衣草
Lavandula angustifolia

别名：香草
科属：唇形科，熏衣草属
观赏期：6月
株高：1m左右

生态习性

原产地中海地区，我国河南、新疆均有栽培。多年生草本或矮小灌木，全株浓香，茎多分枝，被星状绒毛。叶对生，线形或披针状线形，被灰色星状绒毛。轮状花序顶生，每轮有小花6~10朵，长15~25cm；花冠基部筒状，花唇形，上唇2裂，下唇3裂；花色有淡蓝色、粉红色、粉白色，花萼近管状。小坚果光滑。熏衣草抗寒能力弱，不耐高温高湿。性喜阳光充足、高燥的环境，冬季宜温暖湿润，夏季宜凉爽干燥，栽植土壤以疏松肥沃、排水良好的砂质壤土为佳，忌水涝。播种、扦插或分株繁殖。

花园应用

熏衣草枝叶丰满、花香宜人，适宜花境配置或片植于坡地、岩石园，或成行栽植于道路两侧、墙垣边，亦可盆栽观赏。

65

堇菜

Viola verecunda

别名: 小叶堇菜、阿勒泰堇菜
科属: 堇菜科, 堇菜属
观赏期: 3~4月
株高: 7~15cm

生态习性

　　分布于东北、华北、长江流域以南各地，东至福建、台湾，朝鲜、日本、俄罗斯也有。生长于湿草地、草坡、田野、屋边。多年生草本，地下茎很短，地上茎几近无，有时抽出几条纤弱茎。茎生叶少，疏列，托叶披针形或条状披针形，具疏锯齿。基生叶多，具长柄，宽心形或近新月形，边缘有浅波状圆齿。花基生或在茎叶腋生，花小，具长梗，两侧对称；花瓣5枚，白色或淡紫色，矩短，囊状；萼片5枚，披针形。蒴果椭圆形。堇菜喜阳光充足、凉爽的环境，喜疏松肥沃、富含腐殖质的土壤。耐半阴，忌水涝。播种繁殖。

花园应用

　　堇菜植株矮小、株丛紧凑，花期早，适宜布置花坛或草坪、坡地、林下群植观赏，是优良的观花地被植物。

生态习性

原产于非洲东部，现世界各地广泛引种栽培。多年生肉质草本。茎直立，绿色或淡红色。叶互生，具柄，宽椭圆形或长圆状椭圆形，边缘具圆齿状小齿。总花梗生于茎或枝上部叶腋，具2~5花，有时具1花；花梗细，基部具苞片，苞片线状披针形或钻形；花大小与颜色多变，花色有白色、粉色、红色、淡紫色、蓝紫色；侧生萼片2枚，淡绿色或白色。旗瓣宽倒心形或倒卵形，顶端微凹；翼瓣无柄，2裂，基部裂片I倒卵形或倒卵状匙形。蒴果纺锤形。喜温暖湿润的环境，夏季要避免阳光直射，以半阴和70%光照为好，冬季最低气温不低于13℃。对土壤适应能力强，以排水良好、肥沃深厚的微酸性土壤为宜。播种或扦插繁殖。

花园应用

苏丹凤仙花色鲜艳、花期长，适宜花坛、花境布置，或草坪、林缘等群植或片植，亦可盆栽观赏。

66
苏丹凤仙
Impatiens walleriana

别名：玻璃翠
科属：凤仙花科，凤仙花属
观赏期：6~10月
株高：30~70cm

67
蓍草
Achillea alpina

别名：一枝蒿、蜈蚣蒿
科属：菊科，蓍草属
观赏期：7~8月
株高：60~90cm

生态习性

　　原产西伯利亚及日本，我国东北、华北、江浙一带均有分布。多年生草本，茎直立，全株被柔毛。叶互生，条状披针形，无柄，基部裂片抱茎，缘具齿状或浅裂。头状花序，伞房状着生于茎顶；舌状花白色或淡红色，有7~8朵，顶端有3小齿；筒状花白色或淡红色。瘦果宽倒披针形。蓍草喜阳光充足的环境，耐半阴，对土壤要求不严，但以排水良好、富含腐殖质及石灰质等砂质壤土为宜。播种或分株繁殖。

花园应用

　　蓍草为复伞房状花序，清新亮丽，是很好的水平线条材料，非常适合应用于花境，或布置于岩石园作点缀，亦可盆栽观赏。

生态习性

喜凉爽，喜阳光充足。在肥沃、疏松及排水良好的砂质土壤生长良好。有一定的耐寒能力。

花园应用

山桃草多花。可以种植在草坪、花坛等地做点缀装饰之用。也可在家里盆栽，插花等作观赏之用。

68
山桃草
Gaura lindheimeri

别名：千鸟花、玉蝶花
科属：柳叶菜科，山桃草属
观赏期：5~8月
株高：50~100cm

69

美女樱
Verbena hybrida

别名：紫花美女樱、铺地马鞭草
科属：马鞭草科，马鞭草属
观赏期：6~9月
株高：15~30cm

生态习性

原产美洲，现世界各地广泛栽培。多年生草本，常作一、二年生栽培。茎四棱，低矮粗壮，丛生铺覆地面，全株被灰色柔毛。叶对生有短柄，长卵圆或披针状三角形，边缘具齿。穗状花序顶生，多数小花密集排列呈伞房状；花冠漏斗状，花色多，有蓝色、白色、粉红色、深红色、紫色等颜色，花略有芳香；花萼细长筒状。蒴果。美女樱喜温暖、湿润、阳光充足的环境，不耐干旱、不耐阴。对土壤要求不严，但以疏松肥沃、较湿润的中性土壤为佳。扦插或播种繁殖。

花园应用

美女樱花期长、花色丰富多彩，可选用不同颜色布置花坛、花境，也可作为地被植物种植在林缘、草坪、街道两旁、公园入口等处。亦可盆栽或作悬篮垂吊观赏。

生态习性

产于山东、安徽、江苏、浙江等地。多年生半灌木。茎具分枝，绿色、淡紫色或褐色。花期夏至秋。型态像缩小版的木槿。于叶腋处开1~3朵花；花小，5瓣，圆整可爱，为粉色或粉红色；开花不断，花苞非常多，花瓣轻盈。

花园应用

形态像缩小版的木槿。花小，花型秀丽可爱。花期长，适合园林景观栽培，庭院观赏。

70
小木槿

别名：南非葵、小木槿、玲珑木槿
科属：锦葵科，南非葵属
观赏期：从夏至秋
株高：80~200cm

71

三白草

Saururus chinensis

别名：水木通、白面姑、塘边藕
科属：三白草科，三白草属
观赏期：4~7月
株高：30~80cm

生态习性

我国长江以南各地均有分布，生长于低湿的地方。多年生草本。茎直立或下部伏地。叶互生，卵形或披针状卵形，长4~15cm，在花序下的2~3片叶常为乳白色，似花瓣状。总状花序顶生或与叶对生，花序轴和花梗具短柔毛；花小，无花被抢，生于苞片腋内。三白草耐半阴，喜阳光和水湿。在深厚肥沃的土壤中生长良好。分株或扦插繁殖。

花园应用

三白草常用栽植于水体与陆地接壤处如溪边、湖堤等，作耐阴湿观叶地被植物观赏。

生态习性

分布于长江以南各地，日本也有。生长于湿地或水旁。多年生草本，全株有腥臭味。茎上部直立，下部伏地，节处生根。叶互生，心形或宽卵形，上面绿色，叶背常紫色，两面脉上有柔毛。穗状花序生于茎上端或与叶对生，长1~1.5cm，基部有4枚白色花瓣状苞片，花小，无花被。蒴果。鱼腥草喜温暖、湿润、半阴的环境，在潮湿土壤或浅水沼泽地生长良好。扦插或分根繁殖。

花园应用

鱼腥草地面覆盖效果好，群植效果佳。可点缀庭院假山或池塘边，阴湿地布置花境；也可片植于林缘、林下作观叶地被植物；在北方可作盆栽观赏。

72
蕺菜
Houttuynia cordata

别名：鱼腥草、臭狗耳、侧耳根
科属：三白草科，蕺菜属
观赏期：5~7月
株高：20~50cm

生态习性

我国各地广为分布，生长于田野、路旁、山坡上。多年生草本。根垂直，肉质。叶基生，莲座状平展，叶片矩圆状披针形或倒披针形，羽状深裂，侧裂片4~5对，缘具齿。花葶数个，上端被密蛛丝状毛；总苞淡绿色，外层总苞片卵状披针形至披针形，被白色长柔毛；舌状花，黄色。瘦果褐色。蒲公英适应性强，耐寒也耐热，抗旱也抗涝。择土不严，在疏松肥沃、湿润的土壤中生长良好。播种或分株繁殖。

花园应用

蒲公英可布置缀花草坪，或栽植于疏林下作地被植物。

73
蒲公英
Taraxacum mongolicum

别名：婆婆丁、白蒲公英
科属：菊科，蒲公英属
观赏期：4~6月
株高：10~25cm

生态习性

原产北美，我国各地有栽培应用。多年生草本，常作二年生栽培。茎被长绵毛，叶线形至线状披针形，有疏齿，基生叶羽裂。花较大，径8cm，白色至水红色，傍晚至次日上午开放；花梗顶端无苞片。美丽月见草喜阳光、稍耐阴，耐寒、耐旱、不耐热。在排水良好、肥沃的砂壤土中生长强健。扦插、播种或分株繁殖。

花园应用

美丽月见草花大色雅，宜布置花坛、花境，丛植于庭院或片植于坡地、景观大道旁、湖边、林缘等作地被植物观赏。

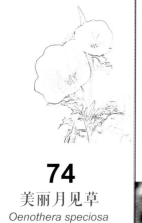

74
美丽月见草
Oenothera speciosa

别名：粉晚樱草、粉花月见草
　　　山芝麻
科属：柳叶菜科，月见草属
观赏期：6~9月
株高：40~60cm

75
大花夏枯草
Achillea alpina

科属：唇形科，夏枯草属
观赏期：5~9月
株高：10~60cm

生态习性

原产欧洲，我国有引种栽培。多年生草本，根茎匍匐，茎直立，四棱形。叶对生，卵状长圆形，全缘，两面疏生硬毛。轮状花序密集成顶生穗状花序，每轮有小花6枚，花萼钟状，萼檐二唇形；花冠蓝紫色，冠筒向上弯曲，冠檐二唇形，上唇长圆形向下弯曲，下唇3裂。性喜阳光充足、温暖的环境，稍耐阴，不耐雨季高温高湿。在排水良好肥沃的砂质土壤中生长良好。播种或分株繁殖。

花园应用

大花夏枯草花朵较大且花期长，适于布置花坛、花境或栽植于岩石园，也可片植于林缘、路边、草坪镶边点缀。

生态习性

原产欧洲及西亚，我国南北各地有栽培。多年生草本，根状茎横生，茎直立。叶对生，椭圆状披针形或长圆形具明显3条主脉。花3~7朵生于茎顶及上部叶腋，集成聚伞状圆锥花序；花梗短，被短柔毛，花瓣有单瓣及重瓣，花白色或粉色。蒴果长圆状卵形。肥皂草性强健，适应性强，耐寒、耐旱、耐热，对土壤及环境条件要求不严。播种或分株繁殖。

花园应用

肥皂草花多且花期长，适宜布置花坛、花境，或布置岩石园、野生花卉园，或丛植于林缘、篱旁。亦可作观花地被材料。

76
肥皂草
Saponaria officinalis

别名：石碱花
科属：石竹科，肥皂草属
观赏期：7~9月
株高：30~90cm

77

鸢尾

Iris tectorum

别名：扁竹花、紫蝴蝶
科属：鸢尾科，鸢尾属
类别：根状茎
花期：5~6月
株高：30~40cm

生态习性

　　喜阳光充足、凉爽的环境，较耐寒也耐半阴。要求排水良好的砂质壤土。在我国长江流域可露地越冬，华北地区需覆盖等保护越冬。

花园应用

　　多栽植于花坛、花境。可作切花。也可用于石间、园台点缀，或植于水湿溪流旁。种类丰富，品种繁多。

德国鸢尾 '守夜者'

德国鸢尾 '蓝瀑布'

德国鸢尾 '不朽白'

德国鸢尾 '太平洋'

黄菖蒲

路易斯安娜鸢尾

花菖蒲

原生鸢尾

78
佛甲草
Sedum lineare

别名：指甲草、狗豆芽、珠芽佛甲草
科属：景天科，景天属
观赏期：5~6月
株高：10~20cm

生态习性

　　分布于我国西北、华东、中南、云贵川等地，日本也有。常生于山阴湿处或石缝中。多年生常绿肉质草本。茎纤细，直立或斜生，基部节上生不定根。叶条形，常为3叶轮生，少有对生，基部有短距。聚伞花序顶生，常有2~3分枝，花瓣5枚，黄色；萼片5，狭披针形，佛甲草耐高温、干旱与严寒，在光照和半阴环境中都能生长良好，对土壤要求不严，耐盐碱性较强。扦插或分株繁殖。

花园应用

　　佛甲草四季常绿，花色鲜艳，抗逆性强，是良好的观花观叶地被植物。可布置花坛、花境或道路两侧的镶边，或点缀于假山、石缝间，也可作林下地被植物或屋顶绿化。

79

千屈菜

Lythrum salicaria

别名：水枝柳、水柳、对叶莲
科属：千屈菜科，千屈菜属
观赏期：6~10月
株高：30~100cm

生态习性

多年生草本，叶对生或三叶轮生。喜强光照，耐寒，喜水湿，对土壤要求不严。

花园应用

千屈菜花朵清秀繁茂且花期长，常栽培于水边，是水景中优良的竖线条材料。宜在浅水岸边丛植或池中栽植。也可作花境材料及切花。盆栽或沼泽园用。

参考文献

中国科学院中国植物志编辑委员会. 中国植物志[M]. 北京: 科学出版社, 1993.

龙雅宜，许梅娟.常见园林植物认知手册[M].北京：中国林业出版社，2011.

费砚良，张金政.宿根植物[M].北京：中国林业出版社，2000.

欢迎光临花园时光系列书店

中国林业出版社天猫旗舰店

花园时光微店

扫描二维码了解更多花园时光系列图书

购书电话：010-83143571